CONGRÈS SCIENTIFIQUE DE FRANCE. — XXXIII° SESSION.

AIX-EN-PROVENCE. — DÉCEMBRE, 1866.

DE L'ANTHRAX

ET DU

TRAITEMENT LE PLUS RATIONNEL

A LUI OPPOSER

Par le Dr P. S. PAYAN

Chirurgien en chef honoraire de l'Hôtel-Dieu d'Aix, membre correspondant de l'Académie impériale de médecine et de la Société impériale de chirurgie de Paris, de l'Académie royale de médecine de Belgique, des Sociétés de médecine de Paris, Montpellier, Strasbourg, Lyon, Bordeaux, Marseille, Toulouse, Tours, Rennes, Nantes, Dijon, Angers, Bruxelles, etc., membre des Académies des sciences, arts et belles-lettres d'Aix, de Marseille, de Bordeaux, de Toulouse, du Gard, de Vaucluse, etc. ; lauréat des Sociétés de médecine de Paris, de Lyon, de Bordeaux, de Toulouse, d'Anvers, etc.

AIX

TYPOGRAPHIE REMONDET-AUBIN, SUR LE COURS, 53

1867.

DE L'ANTHRAX

TRAITEMENT LE PLUS RATIONNEL A LUI OPPOSER [1]

Dans ces derniers temps, la question du traitement de l'anthrax a très sérieusement occupé l'attention de nos chirurgiens les plus expérimentés. Il y a un an à peine que la Société impériale de chirurgie l'a directement abordée par l'organe de plusieurs de ses membres, et peu après, dans le mois de mars dernier, l'Académie de médecine lui a consacré plusieurs de ses séances. Il semblerait dès lors que tout devrait avoir été dit sur cette question de pure pratique ; que tout ce qu'elle peut avoir d'obscur et d'incertain devrait avoir été suffisamment élucidé, et que, par suite, la conduite la plus sûre à adopter dans le traitement de cette maladie devrait avoir été définitivement tracée dans ces aréopages scientifiques. Mais il est loin d'en avoir été ainsi. Il est plutôt vrai de dire que, par la diversité des opinions qui se sont produites à cette occasion, les dissentiments relatifs à la thérapeutique chirurgicale de l'anthrax se sont plutôt accrus qu'atténués. Du moins, auparavant, la division cruciale de la tumeur, proposée par Dupuytren, faisait loi et servait de règle de conduite ; mais voilà que, tout en maintenant le principe des in-

---

[1] Ce travail a été rédigé en réponse à la dixième question de la section des sciences médicales du Congrès scientifique, et a été communiqué à cette section, dont l'auteur était vice-président, dans la séance du 19 décembre 1866.

cisions, nos chirurgiens modernes trouvent pour la plupart l'incision cruciale insuffisante et en veulent de plus multipliées. M. Velpeau notamment, qui ne fut pas contredit sur ce point, se fondant sur une expérience de quarante ans, déclarait en être arrivé à cette conclusion que les grandes incisions, non pas cruciales mais multipliées en raison du volume de la tumeur, profondes et faites en étoile, sont le meilleur moyen de débrider les anthrax et d'en amener la guérison. Il dit quelque part en pratiquer, suivant les cas, quinze, vingt, trente et même quarante sur un même anthrax. A l'objection de la douleur produite par tant de coups de bistouri, il répond qu'on exagère, et que d'ailleurs on peut recourir à l'éthérisation. On entendit aussi, dans ces mêmes discussions, M. Velpeau et autres disculper ces mêmes incisions de la production des érysipèles et mieux encore de la pyoémie.

Mais à des assertions aussi rassurantes, auxquelles se rangèrent aussi MM. Larrey, Michon, Cloquet, etc., d'autres chirurgiens, notamment MM. Gosselin, J. Guérin, etc., opposèrent les résultats de leur pratique qui se montrait bien moins favorable à ces incisions à ciel ouvert, qu'ils avaient vues plusieurs fois suivies des graves complications de l'érysipèle et même des accidents plus redoutables encore de la résorption purulente, et c'est ce qui les fit se retrancher volontiers dans la méthode des incisions sous-cutanées que proposait M. A. Guérin. Mais celle-ci tiendra-t-elle ce que s'en promettait son auteur ? C'est pour nous plus que douteux, parce qu'en voulant respecter la peau, elle laisse le débridement incomplet. Aussi, malgré l'approbation donnée aux bonnes intentions de M. A. Guérin et à son travail, nous ne fûmes pas étonné de voir la grave autorité de MM. Velpeau, Cloquet, Larrey, se montrer médiocrement sympathique ou plutôt indifférente à ce procédé, qu'ils étaient portés à considérer comme inutile dans les anthrax légers, qui guérissent sans le secours des incisions, et comme insuffisant dans les anthrax volumineux. — On entendit enfin M. Broca se demander sérieusement si l'extirpation de la tumeur ne devrait pas être préférée à tous ces procédés.

On comprend combien une telle divergence sur la manière de débrider l'anthrax doit être décourageante pour l'immense majorité des praticiens, d'autant plus embarrassés pour trouver la meilleure médication à suivre qu'elle est aussi confusément indiquée par nos sommités chirurgicales. S'ils veulent s'en tenir encore à l'incision cruciale, ils ne peuvent, devant l'assertion de M. Velpeau qui en affirme l'insuffisance, et devant les graves accidents qui, d'après d'autres, peuvent l'accompagner, y recourir avec pleine confiance. Si, conformément aux conseils de l'éminent chirurgien de la Charité, ils s'adressent aux incisions plus multipliées, rayonnées et profondes, la triste perspective du danger de l'érysipèle consécutif ou, ce qui est pis encore, de la résorption purulente, dont les inculpent avec raison de graves praticiens, est bien propre à faire hésiter le bistouri dans leurs mains. Si, pour échapper à ces graves inconvénients, ils font choix du procédé des incisions sous-cutanées, ils risquent beaucoup de ne remplir que très incomplétement le but qu'ils désirent atteindre par cet expédient, que l'expérience est loin encore d'avoir suffisamment sanctionné. De toutes parts donc devra exister pour eux une pénible incertitude dans ces cas.

Je n'ignore pas d'autre part que, pour ne pas rompre avec les incisions à ciel ouvert, considérées encore par eux comme indispensables, des praticiens distingués se sont ingéniés à leur associer des applications énergiques en vue surtout de prévenir l'infection putride, la formidable pyoémie, dont ils la reconnaissent passible. Dans ce but, ils en viennent, les uns (Boinet) à badigeonner les surfaces divisées de l'anthrax avec de la teinture d'iode pure ; les autres (Denucé) avec le perchlorure de fer liquide ; ceux-ci (Follin) à les toucher avec la potasse caustique, le chlorure d'antimoine, voire même le fer rouge ; ceux-là (Cabanellas) avec le nitrate acide de mercure. Mais tout en approuvant l'esprit de prudence qui suscite cès violents expédients, il faut bien convenir que, par le surplus de souffrances dont ils compliquent le traitement des incisions, ils constituent un très douloureux accessoire qui aura de la peine à se généraliser parmi les praticiens, alors surtout que l'efficacité absolue en est encore bien contestable.

Mais est-ce donc qu'à l'encontre de l'anthrax l'art ne pourrait pas formuler un traitement plus uniforme, plus inoffensif, moins douloureux, plus sûrement curatif? Oui il le peut, pensons-nous, et c'est cette conviction qui nous porte à profiter de la question du programme du Congrès scientifique sur l'anthrax, pour exposer nos vues sur la manière de combattre une maladie qui, sans être exclusive à notre contrée, y a cependant, dans ces dernières années, moissonné de regrettables victimes.

Rappelons d'abord que l'anthrax est une tumeur inflammatoire qu'on peut appeler un groupe de furoncles, et qui débute dans l'appareil glandulaire pilo-sébacé. Tandis, en effet, que le furoncle résulte primitivement de l'inflammation d'une seule des glandes de la peau, la phlegmasie dans l'anthrax atteint un agglomérat plus ou moins considérable de ces mêmes glandes. De ces points d'origine le mal s'étend au derme périphérique, au tissu cellulaire sous-jacent et finit par constituer une tumeur circonscrite, mais d'un volume variable et dont l'étendue atteint quelquefois une circonférence de trente-cinq centimètres et plus. Ce que cette tumeur présente de particulier, ce sont des phénomènes de compression, d'étranglement et de sphacèle qui s'y passent et dont voici le mécanisme : les glandes cutanées, siége initial de l'anthrax, se tuméfient par le fait de l'inflammation qui les atteint, mais le tissu dense et fibreux du chorion qui les enserre opposant une invincible résistance à leur libre gonflement, il en résulte pour elles un excès de *compression* et même leur *étranglement*, dont la conséquence immédiate est leur sphacèle. Mais d'autre part cette violente compression des parois dermiques sur les glandes phlogosées ne se fait pas sans une compression en sens inverse, pressant sur les parois de ces aréales qui en sont vivement irritées et en viennent à se perforer soit par ulcération, soit par sphacèle, formant autant de pertuis par lesquels devront s'échapper les bourbillons, qui sont la matière des glandes sphacelées. Cette compression à la fois excentrique et concentrique, ce travail d'étranglement et de sphacèle qui s'ensuit, l'extension de cet excès de phlogose aux tissus avoisinants, etc., se traduisent par cette chaleur âcre et brûlante de la tumeur, la douleur tensive, lancinante, térébrante même qui y est perçue, etc., ainsi que par l'agitation générale, la fièvre, l'insomnie, etc., qui l'accompagnent et lui impriment souvent un haut degré de gravité. — Quand l'anthrax est de petite dimension, chez un sujet jeune, etc., l'évacuation spontanée des bourbillons par les ouvertures cratériformes dont se couvre son sommet, s'opère et prélude à la guérison. Le plus souvent il devient nécessaire de procéder au débridement de la tumeur. Le procédé des incisions par le bistouri est, avons-nous dit, celui auquel on s'adresse depuis Dupuytren.

Eh bien ! nous n'hésitons pas à nous tenir à l'écart de cette thérapeutique incisante dans l'anthrax, à cause, d'une part, de l'insuffisance de la méthode sous-cutanée de M. A. Guérin, et, d'autre part, à cause des accidents graves qui peuvent compliquer les incisions à ciel ouvert. La statistique favorable à ces dernières qu'a produite M. Velpeau ne saurait nous attirer à elle. Dans la sphère étroite où nous pratiquons la médecine, ces incisions multiples et profondes sont loin d'avoir donné des résultats aussi satisfaisants, et de s'être accompagnées de cette innocuité accusée par l'éminent chirurgien, mais contredite aussi par d'autres savants praticiens.

Plusieurs cas d'anthrax se sont, en effet, produits, en ces dernières années, dans notre ville, lesquels, par la qualité et la position sociale des personnes qui en ont été atteintes, et surtout par leur fâcheuse terminaison, ont eu parmi nous un certain retentissement. Or, quoique traités par la méthode des incisions cruciales et profondes, la mort en a été la fatale conséquence. L'an dernier, deux nobles enfants de notre Provence, aussi riches de santé que des biens de la fortune et ne dépassant guère la cinquantaine, y ont été assez rapidement emportés à la suite d'anthrax incisés pourtant suivant les règles de l'art. L'année d'auparavant, c'était un de nos plus robustes négociants qui, quoique d'un âge encore peu avancé, n'en payait pas moins le tribut fatal à cette maladie dans de pareilles conditions de traitement. Quelque temps avant, c'étaient encore un ancien officier du premier empire, et, presque à la même époque, l'honorable chef d'une de nos principales maisons de commerce, âgé de moins de 60 ans, qui en étaient victimes.

Chez ce dernier malade, que j'avais été appelé à voir en consultation sur la fin de sa maladie, l'anthrax, d'ailleurs volumineux, s'était déclaré à la région dorsale, et une main habile l'avait quelques jours avant crucialement et profondément incisé, conformément au traitement classique. Or, peu après cette incision multiple, un érysipèle se déclara autour de l'anthrax, et de là s'étendit de proche en proche, au point qu'au moment de la consultation la large rougeur caractéristique occupait la région de l'aîne et le haut de la face antérieure de la cuisse. Déjà aussi était survenu, dans la matinée du même jour, un violent frisson fébrile qui, concordant avec un aspect grisâtre des surfaces divisées, une langue sèche et râpeuse, une chaleur âcre de la peau, un affaissement progressif des forces, et suivi des autres stades d'un accès intermittent très grave, fut considéré par tous comme le signe caractéristique d'une résorption purulente, qui devait être très prochainement mortelle. En effet, malgré les soins les plus attentifs, malgré les antiseptiques, le quinquina, la quinine, etc., quatre autres accès de fièvre à allures pernicieuses, mais évidemment symptomatiques de la pyoémie, amenèrent insensiblement ce malade aux limites de la vie.

C'étaient incontestablement ici l'érysipèle ambulant et puis la résorption purulente, l'un et l'autre survenus à la suite des incisions, qui surtout précipitèrent la fatale terminaison. Dans ce cas, la méthode incisante était bien évidemment surprise en flagrant délit de production de ces deux très graves épiphénomènes.

Absent d'Aix pendant qu'avaient été observés trois des autres anthrax mortels que je viens de rappeler, je n'ai pas été dans le cas de pouvoir observer *de visu* ce qui s'était passé à la suite des incisions ; mais les renseignements que j'ai pu prendre à ce sujet m'ont appris qu'il n'y avait pas eu de complication d'érysipèle, mais que les surfaces divisées étaient devenues grisâtres, que la suppuration en avait été sanieuse et fétide ; que des escarres gangréneuses s'en détachaient, et tout cela avec accompagnement d'un état général de typhoïdisme, de dépression rapide des forces et mort prochaine.

Or, comme c'était aussi surtout après les incisions que, dans ces autres quatre cas, l'état des malades, sans s'être accompagné d'érysipèle, ni peut-être des signes pathognomoniques de la pyoémie, s'était sensiblement aggravé, ne peut-on pas présumer que les symptômes de profonde adynamie observés sur la fin provenaient d'une sorte d'infection putride par absorption, à la suite de ces divisions par le bistouri, d'éléments viciés et putrides ? Voyez, en effet, ce qui se passe dans les incisions de l'anthrax : on opère sur la tumeur morbide quatre, six, dix, quinze divisions, plus ou moins, selon son volume et son étendue ; on ouvre nécessairement ainsi nombre de petits vaisseaux dans ce milieu morbide, infesté de tissus déjà sphacélés, d'un pus déjà vicié ou qui ne peut que le devenir par le seul contact de l'air extérieur. Rien ne s'oppose dès lors à ce que leurs bouches béantes n'absorbent et n'entraînent dans la circulation générale des germes délétères, vrai ferment toxique propre à développer des troubles organiques et vitaux de la plus excessive gravité. Ce qui confirme pour nous cette interprétation, c'est cette considération que, tandis que l'on avait vu ces anthrax traités par la méthode des incisions aboutir à une issue funeste, d'autres anthrax tout aussi intenses, mais soumis par nous à un autre mode de traitement, atteignaient à la guérison.

Or, cet autre mode de traitement dont je veux parler, et qui depuis nombre d'années a toutes nos préférences, est la cautérisation potentielle avec laquelle on obtient, sans risques et périls d'érysipèle et surtout de pyoémie, les effets de débridement et de sédation que la généralité des chirurgiens recherchent dans la méthode des incisions. C'est ordinairement avec la pâte caustique de Vienne (poudre calcio-potassique) que nous pratiquons cette cautérisation de la manière suivante : quand la tumeur de l'anthrax est de moyenne dimension, nous appliquons la pâte caustique sur la partie culminante ou médiane, dans l'étendue d'une pièce de dix ou de vingt francs. Nous en couvrons ainsi les points où se développe primitivement le groupe furonculaire constituant l'anthrax.— Mais quand la tumeur est plus étendue, et surtout quand, par sa marche rapide, la violence de ses symptômes, etc., elle revêt les caractères de l'anthrax phlegmoneux ou malin, nous joignons à cette application centrale trois et quelquefois quatre traînées longitudinales du même caustique, rayonnant de ce centre vers la circonférence, et à égale distance les unes des autres. Ces lignes caustiques imitent les incisions rayonnées et tendent à la même fin : le débridement de la tumeur. La pâte caustique est ordinairement laissée en place de dix minutes à un quart d'heure, afin de pouvoir mortifier toute l'épaisseur de la peau qu'elle touche.

C'est pendant que je rédigeais, en 1841, pour un concours ouvert par le *Bulletin général de thérapeutique*, un assez long travail sur les caustiques et leur emploi chirurgical, qui y obtint un premier prix (1), que m'était venue la pensée d'essayer la cautérisation potentielle dans le traitement de

(1) V. *Bulletin général de thérapeutique*, t. **22**, p. 8.

l'anthrax grave. Il me semblait théoriquement que, méthodiquement appliquée, elle devrait être utile contre ce genre de tumeurs. Mais l'occasion ne s'en étant pas alors présentée, je dus me contenter d'en faire l'application à deux furoncles très douloureux, dont je couvris, à cette fin, le sommet avec de la pâte caustique de Vienne pendant dix minutes. Et comme je m'y attendais bien, cette application mit aussitôt fin aux symptômes d'étranglement de la tumeur et s'accompagna chaque fois d'un prompt soulagement. Enfin, en septembre 1842, je pus employer ce mode de cautérisation à l'anthrax même dans le fait suivant :

Première observation. — Le sieur N... avait de temps en temps, depuis deux mois, des furoncles, lorsqu'il lui en poussa un plus gros et plus douloureux à la région sus-pubienne. Appelé auprès de lui à cette occasion, je reconnus, au volume qu'avait pris la tumeur et à tous ses caractères, qu'au lieu d'un simple furoncle nous avions à faire cette fois à un anthrax de moyenne dimension, mais déjà bien douloureux. Deux jours plus tard, quand l'anthrax fut à son apogée et qu'il devenait indiqué d'agir activement, je me décidai à appliquer, sur le point culminant et pendant douze minutes, dans l'étendue d'une pièce de cinquante centimes, une bonne couche du caustique de Vienne, réduit en pâte par l'alcool. Cette application fut bien supportée, et, ainsi que je l'espérais, elle fut suivie d'un amendement notable de tous les symptômes. Il y eut dès lors moins de tension et de douleur : les bourbillons se firent facilement jour au dehors avant même la chûte de l'escarre produite par le caustique, laquelle, tenue ramollie par les cataplasmes, se détacha vers le huitième jour, laissant après elle une solution de continuité qui ne dépassait pas en étendue celle qu'aurait eue nécessairement l'anthrax abandonné à lui-même, et qui marcha régulièrement à la cicatrisation.

Voici deux autres observations confirmatives des bons effets du même mode de traitement :

Deuxième observation. — Deux des malades dont j'ai ci-dessus rappelé l'issue funeste venaient à peine de succomber, il y a cinq ans, que j'étais appelé à donner des soins à la demoiselle P..., âgée de 41 ans, d'une santé souvent maladive, et qui se trouvait elle aussi atteinte d'un anthrax situé sur et un peu derrière l'omoplate gauche. La tumeur s'accrut rapidement et présenta bientôt un diamètre de neuf à dix centimètres. Elle était alors extrêmement douloureuse, très tendue, s'accompagnant d'insomnie complète et de grande agitation générale. — Le bruit des deux décès récents par suite d'anthrax n'était pas fait pour rassurer cette malade ; mais la promesse d'un autre mode de traitement, que je lui donnais comme exempt de danger diminua ses appréhensions. Je n'hésitai pas, en effet, conformément à ma pratique dans ces cas, à recourir à la cautérisation avec le caustique de Vienne, que j'appliquai au sommet, et d'où partirent trois traînées rayonnant vers la circonférence. Le caustique resta en place pendant un quart d'heure. Or, cette cautérisation, quoique faite sur une personne très irritable, fut bien supportée, et grande fut la sédation qui s'en suivit. Peu après la levée du caustique et l'apposition d'un cataplasme émollient, la douleur tensive et térébrante avait cessé ; la sensibilité de la tumeur, qui auparavant ne pouvait supporter que très péniblement une application quelconque, était très considérablement amortie. Le sommeil et un commencement d'appétit revinrent aussi à la malade. Nous observâmes, en un mot, tous les effets d'un salutaire débridement. La tumeur eut dès lors de la tendance à s'affaisser. Les bourbillons se firent facilement jour au dehors, avant même la chute définitive des escarres qui se détachèrent vers le neuvième jour, et firent place à trois solutions de continuité rayonnées qui, par un pansement simple, marchèrent régulièrement à la cicatrisation.

Troisième observation. — Celle-ci, la dernière que j'aie recueillie, a pour objet un jeune vicaire de Payzac (Ardèche) qui, l'an dernier, pendant un séjour que je fis en été dans cette localité, fut atteint d'un anthrax volumineux au haut de la région dorsale, entre l'épaule droite et le rachis. La tumeur marcha rapidement et, malgré des applications émollientes dont on la recouvrait, elle était devenue des plus douloureuses, au point qu'une certaine nuit cet ecclésiastique, d'une constitution nerveuse et souvent maladive, fut pris de violentes convulsions pendant plusieurs heures : quatre hommes avaient même dû rester auprès de sa couche pour le contenir et l'empêcher de se précipiter du lit.

Appelé de grand matin auprès de lui, je le trouve sorti de cet état éclampsique, mais avec le pouls rapide, la figure abattue, de la céphalalgie, et il me priait de lui *percer son mal* qu'il ne pouvait plus endurer. Il était, en effet, temps d'agir, car la tumeur était dure, tendue, fort douloureuse à la pression, à base large, non mobile, avec rougeur un peu foncée et commencement d'ulcération de la peau au centre. C'était, en un mot, un anthrax mesurant trente centimètres de circonférence, qui, par la souffrance qu'il occasionnait, et parce qu'il était survenu chez un sujet d'une constitution délicate, épuisé par les études du séminaire et depuis quelque temps sujet à de pénibles insomnies, avait déterminé l'excès de surexcitation nerveuse qui s'était enfin traduit par des convulsions.

C'était bien ici ou jamais, ce semble, le cas d'inciser, puisque le malade le demandait, mais le souvenir des bons résultats que j'avais précédemment obtenus de la cautérisation potentielle, la certitude de le soulager aussi promptement et avec plus de sécurité pour les suites me la firent préférer cette fois encore. Je fis donc ici, comme dans l'observation ci-dessus, l'application de trois traînées longitudinales du caustique de Vienne réduit en pâte molle avec de l'alcool, et rayonnant du centre à la circonférence, et que je laissai en place pendant près d'un quart d'heure. Cette cautérisation fut très facilement supportée ; la cessation presque complète des vives douleurs, de l'état fébrile, de l'agacement nerveux concommittant, etc., en fut la conséquence immédiate. Un sommeil calme et prolongé se produisit bientôt et revint la nuit suivante qui fut des plus calmes. Tout nous confirmait que nul autre moyen n'aurait pu. soulager aussi promptement.... La sortie des bourbillons n'eut pas de la peine à se faire de dessous les escarres ramollies par les topiques émollients, et qui se détachèrent du huitième au dixième jour suivant. Les solutions de continuité consécutives se cicatrisèrent ensuite régulièrement.

C'est en somme pendant huit fois, c'est-à-dire chaque fois que, depuis vingt-cinq ans, j'ai eu à traiter l'anthrax de quelque intensité, que je lui ai opposé la cautérisation potentielle telle que je l'ai ci-devant décrite, et je puis dire que je n'ai eu dans tous les cas qu'à me féliciter de cette pratique, qui peut paraître d'abord purement empirique, mais dont un peu de réflexion ne tarde pas à faire connaître le côté rationnel.

En effet, l'anthrax ayant, ainsi que nous l'avons dit, son siége initial dans les glandes du derme, et les symptômes qui l'accompagnent étant en grande partie occasionnés par les phénomènes de compression et d'étranglement qui se produisent dans la tumeur, et dont nous avons succinctement exposé le mécanisme, on peut comprendre qu'un expédient qui, comme le caustique de Vienne, mortifie en quelques minutes les points de la peau où ces phénomènes se passent, et qui d'ailleurs, par les traînées linéaires qu'on peut faire de son application, imite les effets de la division de la peau par le bistouri, est bien propre à modifier le mal et à enrayer ses accidents. La voie est ainsi librement ouverte pour l'élimination des bourbillons, et il n'y a plus de raison d'être pour la persistance de la chaleur mordicante et des vives douleurs de la tumeur et de toutes leurs conséquences. Je me suis même demandé sérieusement, en pensant à la haute gravité que revêt trop souvent l'anthrax, si cette cautérisation potentielle ne pourrait pas être parfois employée, dès les débuts de l'anthrax, pour le faire avorter, par la destruction presque instantanée de ses éléments anatomiques. Des tentatives faites dans cette voie pourraient ne pas être sans utilité.

Toujours est-il qu'il résulte de mon expérience personnelle que la cautérisation, au lieu d'irriter, d'accroître l'inflammation de la tumeur, comme Lisfranc et autres ont voulu l'en accuser sans raison et sans preuves, produit plutôt une action réellement sédative, que j'appellerai même antiphlogistique. Cette qualification me paraît légitimée par l'atténuation sensible des douleurs locales, l'apaisement de l'agitation générale, de la fièvre, etc., que j'ai toujours observés à sa suite.

Mais, va-t-on me dire, le mal local n'est pas tout dans l'anthrax : il y a de plus un état morbide général dont il faut savoir tenir compte.... Mais sans vouloir méconnaître l'importance de cet état général, il ne faut non plus oublier qu'il est plus subordonné qu'on ne pense à la tumeur. L'anthrax ne doit pas être assimilé aux maladies charbonneuses qui ont, par elles-mêmes et par leur nature propre, une marche insidieuse, ataxo-adynamique, révélant une entoxication véritable de l'organisme. Dans l'anthrax, au contraire, c'est la phlegmosie locale qui domine la situation, et les accidents généraux dont il peut s'accompagner, tels que les convulsions survenues chez le malade de ma troisième observation, etc., doivent lui être généralement, pour ne pas dire exclusivement attribuées.

Il en est, sous ce rapport, de l'anthrax comme du phelgmose diffus avec lequel il a plus d'un rapport, et dans lequel les graves accidents phlegmasiques locaux coexistent avec un état fébrile intense qui va souvent jusqu'au délire, et qui en est pourtant tellement dépendant que le seul moyen de l'amender consiste à enrayer la redoutable phlegmasie? Or, par quel moyen atteint-on ce but? Mais l'expérience démontre qu'il n'en est pas de plus efficace que la cautérisation, notamment celle faite avec la pâte caustique de Vienne appliquée sous forme de traînées sur divers points de sa surface. Quoique faite sur une partie de peau phlogosée, cette application, au lieu d'accroître l'irritation, comme on pourrait *à priori* le craindre, a, au contraire, pour résultat de l'amortir, de fixer le mal, d'arrêter ses progrès, de détruire sa spécificité maligne, de convertir, en un mot, une inflammation de mauvaise nature en un phlegmon simple ou benin. — Eh bien, c'est de la même façon qu'opère la cautérisation potentielle dans l'anthrax. Elle met fin aux symptômes d'étranglement, suspend, arrête les ravages du mal, apaise consécutivement les accidents fébriles, et, comme aucun vaisseau n'est ouvert par elle, on n'a pas à redouter à sa suite la formidable pyoémie. On est à peu près aussi rassuré contre l'érysipèle.

Je sais qu'en m'exprimant avec cette affirmation au sujet de l'érysipèle, je contredis des affirmations contraires, notamment celle de M. Velpeau qui déclarait que les caustiques n'étaient pas plus indemnes de l'érysipèle que les incisions. Mais, quoique émanant d'une haute autorité, cette opinion ne saurait être vraie pour nous. Elle nous a même surpris, tant elle diffère de ce que nous a appris notre propre expérience. Déjà, en effet, avant notre travail sur les caustiques, de 1841, nous avions souvent expérimenté ces énergiques agents. Je les ai plus souvent encore employés depuis, et je n'ai pas souvenance d'avoir une seule fois observé l'érysipèle à leur suite. Feu le docteur Bonnet, de Lyon, un des chirurgiens qui, dans ce siècle, avait le plus souvent manié les caustiques dans sa vaste pratique, considérait aussi leur application comme exempte, à de très rares exceptions près, de cette fâcheuse complication. Voici comment s'exprime à ce sujet le traducteur, si je puis m'exprimer ainsi, de la pratique de l'éminent chirurgien lyonnais, M. le docteur Philippeaux, dans son *Traité pratique de la cautérisation* : « Les plaies par « cautérisation exposent infiniment moins que les autres à « ces érysipèles ambulants et traumatiques qui viennent si

« souvent compliquer les solutions de continuité produites
« par l'instrument tranchant. On peut même avancer qu'elles
« préservent de cet accident parfois si fâcheux. » C'est aussi
notre conviction. Oui, que les malades qui ont subi la cautérisation potentielle évitent de s'exposer à l'impression du
froid, de l'humide, qu'ils suivent un régime sévère, et ils
peuvent se croire exempts de cette fâcheuse complication. Il
importe d'autant plus de leur recommander ces précautions,
que, n'éprouvant pas après elle ces alternatives de frisson et
de froid, cette hyposthénie dépressive, ce manque d'appétit,
etc., qui s'observent souvent après les incisions, ils seraient
moins disposés à se mettre en garde contre les imprudences
de refroidissement et de régime dont il est toujours bon de se
garantir.

Aucun des huit cas d'anthrax que j'ai eu occasion de traiter
avec succès constants par la cautérisation, ne présentait de
ces dimensions exceptionnelles qui sont quelquefois observées.
Un plus ample volume de la tumeur ne m'aurait pas détourné
d'y recourir. Ainsi firent avec beaucoup d'opportunité MM. les
docteurs Soulé père et fils, de Bordeaux, dans un cas curieux
qu'ils ont relaté dans le Bulletin de la Société de médecine de
Toulouse (1). Il s'agissait ici d'un sujet âgé de 60 ans, chez
lequel un premier anthrax situé au cou, traité par l'incision
cruciale, se compliqua d'un érysipèle phlegmoneux des plus
graves, tandis qu'un second anthrax survenu chez le même
sujet, pendant sa convalescence, à la région du dos, où il prit
des dimensions énormes qui le firent comparer *au fond d'un
chapeau*, traité par deux traînées longitudinales et cruciales
du caustique de Vienne, se termina assez promptement et
d'une manière heureuse.

Notre confiance justifiée par les faits, en faveur de la cautérisation dans l'anthrax, dut nous faire trouver quelque peu
étrange le silence à peu près complet gardé à son encontre

(1) Année 1865, pages 10 et 11.

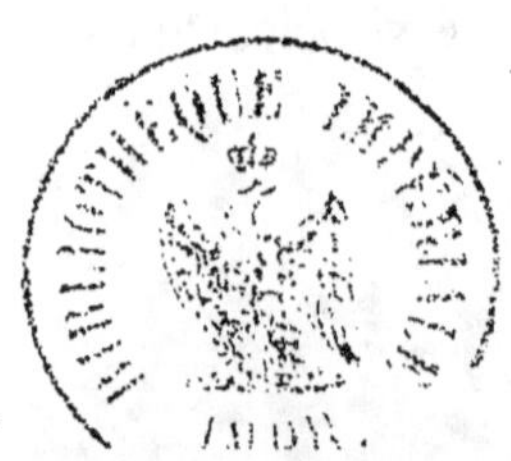

dans la solennelle discussion de l'Académie, que nous avons rappelée. Si le nom en fut incidemment mentionné, ce ne fut que pour l'incriminer, à propos de je ne sais quoi, de n'être pas plus exempte de l'érysipèle que les incisions, assertion que nous ne saurions admettre, ou bien peut-être pour en conseiller l'application sur les surfaces divisées de l'anthrax afin de prévenir l'infection putride ou la pyoémie. Mais nul ne s'avisa de la proposer comme base du traitement, et ne fit même allusion à l'emploi qu'en faisaient les chirurgiens anciens qui, avant que Dupuytren eût accrédité l'incision cruciale, avaient soin, quand la douleur était très vive et quand l'escarre gangréneuse apparaissait, de toucher le sommet de l'anthrax avec le beurre d'antimoine (1). Nos sommités chirurgicales n'ignoraient pas sans doute cette particularité ; mais sachant que, depuis le célèbre chirurgien de l'Hôtel-Dieu, cette cautérisation était tombée en désuétude, à cause peut-être du caustique alors employé, ils ne pensaient pas sans doute que les perfectionnements apportés à cette méthode par l'application d'un caustique moins douloureux, plus facile à manier, à action plus circonscrite et plus prompte, pussent la retirer de l'oubli où elle était tombée. — Il nous a paru qu'il y avait là pour la pratique une lacune à combler, et ce travail n'a pas eu d'autre but.

Nous résumerons enfin nos idées sur le traitement de l'anthrax par les propositions suivantes :

Considérant que les incisions à ciel ouvert multiples et profondes, qui sont généralement recommandées dans les anthrax de quelque gravité, sont excessivement douloureuses et ne peuvent qu'être grandement appréhendées des pauvres malades ;

Considérant que si, par le moyen de l'éthérisation, il est possible de remédier à cet inconvénient des douleurs, cet expédient n'est pas lui-même exempt d'un certain danger, et

____

(1) **Gr. Dictionn.** des *Sciences médicales*, t. 2, p. 184.

qu'il serait même formellement contre-indiqué dans les cas où l'anthrax s'accompagnerait de symptômes adynàmiques ou adynamo-ataxiques;

Considérant que ces incisions ne peuvent se faire sans une certaine effusion de sang qui, dans certaines circonstances et chez des sujets débilités, les vieillards par exemple, a l'inconvénient réel de diminuer chez eux des forces qui peuvent être plutôt en défaut qu'en excès;

Considérant qu'il est hors de doute qu'elles peuvent déterminer l'érysipèle à leur suite, ce qui est une très fâcheuse complication, et que, par la division de nombreux vaisseaux ou veinules, à la force absorbante desquels rien ne s'oppose dans ces plaies baignées de pus et d'escarres, elles exposent à l'accident bien plus grave encore de la résorption purulente;

Considérant, par conséquent, qu'une méthode de traitement qui laisse planer sur les malades et sur la responsabilité des médecins la possibilité de produire d'aussi formidables accidents, est par là même bien éloignée de cette innocuité, de cette sécurité dont la thérapeutique ne doit point se départir;

Considérant que la méthode de la division sous-cutanée de la tumeur proposée par M. A. Guérin, applicable peut-être aux anthrax légers qui peuvent guérir d'eux-mêmes, est notoirement insuffisante dans les anthrax volumineux, et que l'adjonction proposée par d'autres chirurgiens des applications caustiques sur la surface des incisions, complique celles-ci de très vives douleurs, sans atteindre bien sûrement le but qu'on se propose;

Considérant d'autre part que, par la cautérisation potentielle, et notamment par l'application méthodique du caustique de Vienne, on peut obtenir tous les résultats d'un véritable débridement, c'est-à-dire la cessation presque instantanée de la tension, des douleurs lancinantes, de l'agitation générale, de la fièvre, etc., et cela sans déperdition de sang, sans effroi pour les malades et avec une douleur réactive modérée, toujours bien supportée, et qui n'a rien de comparable à celle produite par les coups multipliés du bistouri, et que de plus elle laisse une libre issue à la sortie des bourbillons qui se font facilement jour à travers les escarres du caustique, que l'on peut d'ailleurs diviser facilement jusqu'au vif, si on le croit opportun ;

Considérant que, n'ouvrant aucun vaisseau, oblitérant plutôt ceux qui tombent sous son action, cette cautérisation est propre par là même à prévenir les redoutables accidents de la résorption purulente, en même temps que l'on sait aussi qu'elle met d'une manière à peu près constamment sûre à l'abri de l'érysipèle ;

Considérant enfin qu'agissant alors comme dans le phlegmon diffus qu'elle fixe et limite, dont elle annihile la malignité, etc., la cautérisation est aussi le plus sûr moyen d'enrayer les progrès de l'anthrax, d'en neutraliser le caractère malin qu'on admet parfois en lui, etc.;

J'estime que, contrairement aux opinions généralement admises et professées, cette méthode de la cautérisation potentielle doit être préférée, dans le traitement de l'anthrax, aux incisions de tout genre, et qu'elle mérite, par les raisons ci-dessus émises, de constituer la méthode générale de traitement de cette maladie, comme réunissant comparativement les conditions *de tuto, cito et jucunde.*

P. S. — Depuis la rédaction de ce Mémoire, les journaux de médecine ont porté à ma connaissance le traitement de M. le docteur Foucher par la ventouse à pompe, qui paraît avoir donné de bons résultats. L'avenir dira mieux ce qu'il faut en penser.